高职高专"十四五"规划教材

电工电子技能训练
报 告 册

主　编　郭景波
副主编　张国峰　李玉贤

北京航空航天大学出版社

实训操作必备知识

电工电子技能训练是学生学习电工电子技术课程的一个重要部分,是培养学生独立操作能力、巩固所学理论知识并应用其解决实际问题的能力,逐步提高自身的实践技能的重要环节,可为学生适应工作岗位增强就业水准奠定良好基础。

一、实操训练的安全规则

为了保证学生能按计划、按要求并顺利进行实操训练,必须强调安全教育,以确保"人"和"物"的安全。为此,所有参加实操训练的学生必须遵守如下安全规则:

(1) 要牢固树立"安全第一,预防为主"的思想。
(2) 严格遵守实操训练场地的安全操作规定。
(3) 进行实操训练时,不允许带电操作,确保人身安全。
(4) 加强自救和互救的意识,防止或减轻意外事故发生所造成人身损害。
(5) 爱护各种仪器及元器件,禁止故意损坏。

二、实操训练基本要求

为了使同学们掌握基本的实操方法和技能,养成实事求是的学习态度、严谨的科学作风及良好的操作习惯,提高独立能力和创新意识,特对整个操作阶段提出如下要求:

1. 实操训练前的准备

实操训练前要认真阅读每个实训项目的要求、相关知识、实操电路,仪器、工具等,同时还要进行分组、分工,明确每个同学的任务和职责,使学生的团队协作和相互沟通能力在整个实操过程中得到提升。

2. 实操训练的进行

(1) 学懂相关理论知识。明确此次实操训练的理论基础及结论,并用以指导后面的实操。
(2) 看懂电子元器件和电路的结构及原理图。
(3) 进行检测或接线。这一步是整个实训的主要工作,也是实操成功的关键环节。
(4) 观察或记录。观察检测结果或现象、记录整个过程中的数据是非常重要的,其结果直接决定了实训结果,必须认真写出报告。

3. 实训结束

实训结束后,必须断开实训场地的电源,对所做课题的结果要认真记录,并检查无误后,整理好观察的现象或测量的结果,逐步养成安全文明操作的良好习惯。

目 录

实训 1　万用表的使用 …………………………………………………………………… 1

实训 2　常用电工工具的识别与使用 …………………………………………………… 3

实训 3　照明电路安装 …………………………………………………………………… 5

实训 4　常用的低压控制电器 …………………………………………………………… 7

实训 5　电动机结构与接线 ……………………………………………………………… 9

实训 6　电动机点动、连续运行控制电路 ……………………………………………… 11

实训 7　三相异步电动机正反转控制电路 ……………………………………………… 13

实训 8　三相异步电动机 Y—△减压启动控制电路 …………………………………… 15

实训 9　常用电子元件的识别 …………………………………………………………… 17

实训 10　万能电路板焊接 ………………………………………………………………… 19

实训 11　用 555 定时器设计制作实用电路 ……………………………………………… 21

备用实训报告 1 …………………………………………………………………………… 23

备用实训报告 2 …………………………………………………………………………… 25

备用实训报告 3 …………………………………………………………………………… 27

实训1　万用表的使用

实训时间		指导教师	
实训内容	(1)指针式万用表的认识与使用 (2)数字式万用表的认识与使用		
实训目标	(1)学会指针式万用表及数字式万用表的使用方法 (2)会用万用表测量电路中常用的电路参数		
实训方案	1.指导教师提出具体实训内容 (1)用万用表测量交流电压、直流电压、直流电流、电阻 (2)用万用表测量三相异步电动机三相绕组的通断,并确定哪两个端头是同一相绕组 2.学生在指导教师指导下按步骤实训 (1)将单相副边多抽头变压器接到交流220 V电源上,学生测量实际的变压器输入电压及各副线圈输出交流电压,测量结果填入表1-1中 (2)调节直流稳压电源输出旋钮,分别输出3 V、5 V、12 V直流电压,用万用表直流挡测量,测量结果填入表1-1中 (3)准备一些阻值为10 Ω、100 Ω、220 Ω、1 kΩ、12 kΩ的电阻,学生把万用表打至电阻挡测量电阻,测量结果填入表1-1中 (4)把(3)中准备的电阻分别接到直流电压为5 V的电源上,用万用表直流电流挡测电流,测量结果填入表1-1中 (5)用万用表的电阻挡或道断测量挡测三相异步电动机绕阻的通断		

表1-1　万用表使用测量记录表

测量项目	测量内容	测量结果	测量项目	测量内容	测量结果
交流电压/V	220		直流电压/V	3	
	10			5	
	15			12	
电阻/Ω	10		直流电源为5 V,通过各电阻的直流电流	10	
	100			100	
	220			220	
	1 000			1 000	
	12 000			12 000	
三相异步电动机绕组测量	A-X		三相异步电动机绕组测量	C-X	
	A-Y			C-Y	
	A-Z			C-Z	
	B-X			A-B	
	B-Y			B-C	
	B-Z			C-A	

实训思考题
(1)万用表在测量前需要做哪些准备工作？测量电阻时,要注意哪些事项？
(2)指针式万用表在测量直流电压或电流时,红黑表笔所放位置的电位高低如何比较？
(3)指针式万用表置于电阻挡时,红黑表笔所接分别是内部电池的哪个极？在测量二极管时,如果二极管导通,哪个表笔所接的是二极管阳极？
(4)数字式万用表在测量电压时,如何注意所测电路电位的高低？

| 指导教师评语 | |

实训 2　常用电工工具的识别与使用

实训时间		指导教师	
实训内容	(1)常用电工工具的认识 (2)常用电工工具的使用		
实训目标	(1)熟悉常用电工工具的名称和作用 (2)学生常用电工工具的使用方法,会正确使用电工工具		
实训方案	指导老师进行演示项目及指导学生进行实际操作： (1)用螺丝刀紧自攻钉的方法 (2)用钢丝钳、尖嘴钳剪切或弯绞导线的方法 (3)用电工刀、剥线钳进行剥剖导线方法 (4)手电钻使用方法 (5)冲击钻的使用方法 (6)验电笔的使用方法 实施建议,教师可以设定小型配电盘或配电箱的安装,提高学生的实验应用能力。将学生使用常用电工工具结果填入表 2-1 中		

表 2-1　常用工具使用评分(每项满 10 分)

操作项目	得　分
(1)用螺丝刀紧自攻钉的操作	
(2)用钢丝钳、尖嘴钳的剪切,弯绞导线的操作	
(3)用电工刀、剥线钳进行剥剖导线的操作	
(4)手电钻使用操作	
(5)冲击钻的使用操作	
(6)验电笔的使用操作	
实训思考题	
(1)使用低压验电器应注意什么？	
(2)怎样正确使用电工刀剖削导线的绝缘层？	

续表

(3)如何正确使用手电钻？

(4)如何正确使用冲击钻？

拓展题
如何用低压验电笔来区别真正带电线路与感应电路？

指导教师评语	

实训 3　照明电路安装

实训时间		指导教师	
实训内容	(1)认识常用低压照明器件 (2)学会常用低压照明器件的使用方法与端子接线		
实训目标	(1)了解国家对室内照明电路配线的要求与规定;掌握室内配线的一般要求和工序 (2)掌握照明电路与插座的安装与维修 (3)学会进行家用装修配电线路施工与设计		
实训方案	1.设计照明电路的平面布置图 实际照明电路应根据施工现场实际情况来设计与分布,在实训中学生可以根据实际电路进行设计 2.接线与调试 根据所设计的电路平面布置与原理图来完成接线与调试工作任务 (1)根据电路原理图,检验元件质量与数量 (2)根据元件布置图在木制板或网孔板上合理固定元件 (3)按原理图或接线图进行接线 (4)对照原理图进行检验 (5)用万用表检测接线正确性,防止短路现象发生 (6)能电测试,根据实际情况进行故障分析与排除,或由指导教师设置故障,学生进行排队故障操作 3.工艺要求 (1)元器件布置合理、匀称、安装可靠,便于走线 (2)接线规范正确,无接点松动、露铜、绝缘不良等现象 (3)实训过程中接线要仔细认真,电路发生故障时,应先切断电源再进行检修		
绘制照明电路元件布置及接线原理图			
实训思考题			
(1)分析通电后荧光灯不亮的原因有哪些?			

(2)电能表用于测量什么电量?一般单相电能表接线方法是怎样的?

(3)漏电保护器与空气开关的区别有哪些?

(4)漏电保护器应用时应注意哪些事项?

拓展题
利用单开双控开关进行一个灯的两地控制。比如卧室灯既可以在进门的门旁控制,也可以在床头控制。

| 指导教师评语 | |

实训 4　常用的低压控制电器

实训时间		指导教师	
实训内容	(1)认识常用的低压控制电器 (2)学会常用低压控制电器的使用方法与端子定义		
实训目标	(1)认识断路器、漏电保护器、熔断器、按钮开关、转换开关、接触器、热继电器等元件 (2)掌握本实训涉及的各低压控制电器的端子定义 (3)掌握本实训涉及的各低压控制电器电路原理图的绘制		
实训方案	对低压控制电器进行识别,并掌握低压控制电器的安装与选择。这是电动机控制电路的基础,因为只有认识和会使用低压控制电器,才能正确地安装电动机控制电路和检测电动机控制电路,本实训中要学会认识低压控制电器并会选型与更换 实训要求:准备各种低压控制电器,进行低压控制电器识别,然后进行检测与安装练习		

绘制接触器、热继电器、断路器、按钮等电路图

实训思考题

(1)常用低压控制电器有哪些?

(2)怎样用万用表确定交流接触器的常开与常闭点?

(3)当所设计的电路中接触器控制触点数量不够时,我们怎么办?

(4)热继电器的作用是什么?

(5)主令电器有哪些?

拓展题	
对交流接触器进行拆装与检修。	
指导教师评语	

实训 5　电动机结构与接线

实训时间		指导教师	
实训内容	（1）三相交流异步电动机的结构 （2）三相交流异步电动机的接线		
实训目标	（1）了解电动机的结构原理，会解体电动机，会更换电动机轴承 （2）会按电机的额定运行要求将电动机接成角形功星形 （3）会实现电动机的转向进行调换		
实训方案	本实训内容是电动机的拆卸与装配，这个在电动机维修工作中是经常进行的，因此在实训中学生要根据实际练习电动机拆装，掌握电动机结构，并学电动机的接线 （1）进行电动机拆卸。清理电动机各部分的积尘，清洗轴承和轴承盖并加润滑油 （2）电动机装配 （3）电动机维护 （4）电动机接法与接线 （5）电动机绕组绝缘测量 常用工具使用评分见表 5－1		

表 5－1 常用工具使用评分（每项满 10 分）

操作项目	得　分
（1）进行电动机拆卸。清理电动机各部分的积尘，清洗轴承和轴承盖并加润滑油	
（2）电动机装配	
（3）电动机维护	
（4）电动机接法与接线	
（5）电动机绕组绝缘测量	
实训思考题	
（1）三相交流异步电动机主要由哪几部分组成？	

续表

(2)三相异步电动机的星接与角接在实际接线中如何短接?

(3)三相异步电动机是如何实现方向改变的?

| 指导教师评语 | |

实训6　电动机点动、连续运行控制电路

实训时间		指导教师	
实训内容	(1)三相异步电动机点控制电路 (2)三相异步电动机连续运行控制电路		
实训目标	(1)学会电动机点动与连续运行电机主电路的组成与连接 (2)学会电动机点动与连续运行电机控制电路的组成与连接 (3)学会电动机点动与连续运行电机控制电路故障排除方法 (4)加深对理论知识的理解,提高实际操作能力		
实训方案	1.实训要求 (1)掌握交流接触器、热继电器和按钮结构及其在控制电路中的应用 (2)学习三相异步电动机的基本控制电路的连接 (3)学习按钮开关、熔断器、热继电器的使用方法 2.实训步骤 (1)复习异步电动机直接启动和具有电动控制电路的工作原理 (2)在实训板上或实训台上找到接触器等器件,复习其结构测试方法 (3)按图连接点动控制电路,经指导教师检查后方可送电(电动机主回路可不接入) (4)在点动控制电路基础上改造电路,实现连接运转控制电路		
画出实训点动与连续运行控制电路			
实训思考题			
(1)什么是自锁电路,自锁点在电路中起什么作用?			

(2)若自锁电路接错会出现什么现象？

(3)如果控制电路中热继电器动作了，如何对其进行恢复运行？

拓展题	
可否设计一个既能实现点动，又能连续运行的控制电路？画出电路图。	

| 指导教师评语 | |

实训7 三相异步电动机正反转控制电路

实训时间		指导教师	
实训内容	(1)三相异步电动机正反转主电路分析与制作 (2)三相异步电动机正反转控制电路的分析与制作		
实训目标	(1)进一步加强对三相异步电动机控制电路图的阅读能力 (2)进一步熟悉各种电器的结构和性能及在电路中所起的作用 (3)掌握用接触器实现的三相异步电动机正、反转控制电路的工作过程和接线方法;理解互锁在电路中的作用 (4)提高对该电路所出现故障进行分析处理的能力		
实训方案	1.实训要求 (1)掌握接触器互锁、按钮互锁,按钮、接触器双重互锁定义 (2)进一步学习异步电动机的基本控制电路的连接 (3)学习按钮开关、熔断器、热继电器使用方法 2.实训步骤 (1)复习异步电动机正反转控制电路的工作原理 (2)在实训板上或实训台上找到相应器件 (3)按图连接触器互锁,按钮互锁,按钮、接触器双重互锁控制电路,经指导教师检查后方可送电(电动机主回路必须接入) (4)分析触器互锁、按钮互锁,按钮、接触器双重互锁控制电路换向操作的优缺点		
画出按钮与接触器互锁控制电路原理图			

续表

实训思考题
(1)什么是接触器互锁、按钮互锁,按钮、接触器双重互锁电路,互锁点在电路中起什么作用?
(2)在接触器互锁电路中如果互锁点接成自锁点,会出现什么现象?
拓展题
在正反转控制电路中加入指示灯如何实现,请画出电路图并在实训中实际接线。
指导教师评语	

实训 8　三相异步电动机 Y—△减压启动控制电路

实训时间		指导教师	
实训内容	三相异步电动机 Y—△减压启动控制电路		
实训目标	(1)进一步加强对三相异步电动机控制电路图阅读能力 (2)进一步熟悉各种电器的结构和性能及在电路中所起的作用 (3)掌握三相异步电动机 Y—△减压启动控制电路工作过程的接线方法,理解互锁在电路中的作用 (4)逐步提高对该控制电路所出现的故障的分析和排除的能力		
实训方案	1.实训要求 (1)复习接触器自锁定义 (2)学习异步电动机的基本控制电路的连接 (3)学习按钮开关、熔断器、热继电器、时间继电器的使用方法 (4)学习顺序控制的控制过程 2.实训步骤 (1)掌握电动机 Y—△减压启动控制电路工作原理 (2)在实训板上或实训台上找到相应器件 (3)按图连接电动机 Y—△减压启动控制电路,并进行调试 (4)对时间继电器动作时间进行调整,并且在空载及带载两种情况进行启动,根据不同时间来进行调试,直至达到启动冲击小、启动时间又短的效果 (5)讨论利用时间继电器来控制 Y—△的转换控制,有何弊端		
画出 Y—△减压启动控制电路原理图			
实训思考题			
(1)Y—△减压启动在实际电路的中作用是什么?			

续表

(2)时间继电器可否由按钮来替代？为什么？

(3)还有没有其他类型的降压启动方法？

拓展训练：Y—△减压启动可否应用在正反转控制电路中,如果能,请设计电路。

| 指导教师评语 | |

实训 9 常用电子元件的识别

实训时间		指导教师	
实训内容	(1)认识电子电路中的常用的器件 (2)常用电子器件测量		
实训目标	(1)能够识别电阻、电容、电感、二极管、三极管及常用的集成电路 (2)能够正确识读电子元件的参数 (3)能够利用万用表对电子元件极性与参数进行正确的测量 (4)学会正确应用各电子元件		
实训方案	1.电阻和电位器的检测 (1)外观检查,对于固定电阻首先查看标志清晰,保护漆完好,无烧焦,无伤裂痕,无腐蚀。对于电位器还应检查转轴的灵活性,应松紧适当、手感舒适 (2)色环电阻读数值 (3)对读好的色环电阻用万用表来测量,检验读数正确性 (4)电位器阻值测量 2.电容器的检测 (1)万用表判别电容的好坏。数字万用表一般都有测试电容容量的功能,将表功能转换开关置于相应挡位,被测电容插入 CX 插座内,就能粗略测量电容量的大小,判断电容器容量是否在其标称和误差范围内 (2)可变电容检测。用手轻轻旋转转轴,应感觉十分平滑,不应感觉有时松时紧甚至有卡滞现象 3.用万用表测二极管 (1)判断二极管极性 (2)判断二极管的好坏 (3)判断二极管材料(硅、锗) 4.用万用表测三极管 (1)判断三极管的型式(NPN 或 PNP) (2)判断三极管极性(基极、集电极、发射极) (3)判断三极管的材料(硅、锗) 5.引脚功能定义 认识各种集成电路芯片的封装与引脚排列,根据集成电路芯片的型号查各引脚功能定义		

续表

实训思考题
(1)色环电阻中各颜色在不同环中表示的意义是什么？
(2)如何用指针式万用表测量电容充放电性能？
(3)一个磁片电容上标注103,则这个电容值是多少？那222呢？
(4)请查一下"NE555"及"μA741"芯片的功能与引脚功能定义？
指导教师评语	

实训 10　万能电路板焊接

实训时间		指导教师	
实训内容	(1)认识电烙铁及万能电路板 (2)学习电子元件焊接方法		
实训目标	(1)学会电烙铁的使用方法与注意事项 (2)学会印刷电路板电子元件的焊接,并熟练操作电烙铁		
实训方案	(1)电烙铁的选用,包括电烙铁的测量与修理、换烙铁头等的操作。 (2)认识焊锡条、焊锡丝、松香、焊膏等材料 (3)进行焊接操作工艺训练,注意不要被电烙铁烫伤,焊点不能过大或过小 (4)正确实施焊接四步法 (5)练习焊接好的元件拆焊作业,正确使用吸锡器		
实训思考题			

(1)焊接一般分为哪三种?

(2)常用的电烙铁有哪两大类?

(3)电烙铁手工焊接过程归纳为哪八个字?请分别解释其意义?

(4)为什么?电烙铁使用前及使用后需要对烙铁头进行搪锡?怎样操作?

指导教师评语	

实训 11　用 555 定时器设计制作实用电路

实训时间		指导教师	
实训内容	用万能电路板及 555 定时器设计及制作电路		
实训目标	(1)掌握 555 定时器控制电路的原理 (2)学会制作实用的电子电路		
实训方案	(1)学生自选实用电路,分析电路的功能 (2)合理选取电子元器件,在多功能面包板上进行连接并调试 (3)调试成功后,可在万能电路板进行合理布局后焊接、测试 (4)在有条件实训室,同学们可以在老师的指导帮助下自己动手打印或手绘敷铜板,然后进行浸蚀电路板、钻孔、焊接,完成一整套电路板制作与安装程序		
画出你所制作的实用电路的原理图,并说明其工作原理			
指导教师评语			

备用实训报告 1

实训时间		指导教师	
实训内容			
实训目标			
实训方案			
画出电路原理图			

续表

实训思考题	
（1）	
（2）	
（3）	
指导教师评语	

备用实训报告 2

实训时间		指导教师	
实训内容			
实训目标			
实训方案			

画出电路原理图

续表

实训思考题	
（1）	
（2）	
（3）	
指导教师评语	

备用实训报告 3

实训时间		指导教师	
实训内容			
实训目标			
实训方案			
画出电路原理图			

续表

实训思考题	
(1)	
(2)	
(3)	
指导教师评语	